高素质农民培训教材

甜柿标准化栽培

及病虫害防治技术

广西农业广播电视学校　组织编写

蒋尚伯　付　岗　主　编

广西科学技术出版社
·南宁·

图书在版编目（CIP）数据

甜柿标准化栽培及病虫害防治技术 / 蒋尚伯，付岗
主编. -- 南宁：广西科学技术出版社，2025. 1.
ISBN 978-7-5551-2332-3

Ⅰ. S665. 2；S436. 65

中国国家版本馆 CIP 数据核字第 20247NV952 号

TIANSHI BIAOZHUNHUA ZAIPEI JI BING CHONGHAI FANGZHI JISHU

甜柿标准化栽培及病虫害防治技术

蒋尚伯　付　岗　主编

责任编辑：梁珂珂　　　　　　　　　　装帧设计：梁　良

责任校对：吴书丽　　　　　　　　　　责任印制：陆　弟

出 版 人：岑　刚　　　　　　　　　　出版发行：广西科学技术出版社

社　　址：广西南宁市东葛路66号　　邮政编码：530023

网　　址：http://www.gxkjs.com

印　　刷：广西万泰印务有限公司

地　　址：南宁市经济开发区迎凯路25号　　邮政编码：530031

开　　本：787mm×1092mm　1/16

字　　数：55千字

印　　张：5.25

版　　次：2025年1月第1版

印　　次：2025年1月第1次印刷

书　　号：ISBN 978-7-5551-2332-3

定　　价：35.00元

《高素质农民培训教材》

编委会

主　　　任：刘　康

副　主　任：龚　平　韦敏克　罗　云

委　　　员：梁永伟　莫　霜　马桂林　何　俊

　　　　　　杨秀丽

本册编写人员名单

主　　　编：蒋尚伯　付　岗

副　主　编：张　晋　杨　迪　杜婵娟　潘连富

　　　　　　林贵美

编 写 人 员：潘永杰　李其利　高营营　唐利华

　　　　　　黄天琨　林　清　覃换玲　叶云峰

　　　　　　黎　鲜　邓诗淑　黄渝珈　陈贤坤

　　　　　　廖　哲　林海红　邓冬霞　王　刚

前　言

我国柿的栽培面积居世界首位。甜柿是柿中的独特品类，成熟时自然脱涩，甘甜多汁。近年来，甜柿深受消费者喜爱。我国先后引进了多个甜柿品种，并在国内进行大面积推广。甜柿因经济价值高而广受种植者欢迎，但种植过程中栽培管理困难、病虫害频发等问题一直困扰着众多种植者。为促进甜柿产业高质量发展，提升甜柿栽培经济效益，我们编写了本书。

本书主要从甜柿的优良品种、生长特性、育苗技术、田间栽培、病虫害识别与防治等方面，对甜柿栽培技术进行了全面阐述，同时配以彩色图片以便读者查对。全书共配插图约120幅，介绍病害9种、虫害12种，所有照片均为编者现场拍摄。读者通过浏览图片更容易理解技术要点，达到看得懂，学得会，实践中能够自己操作的效果。本书既可作为甜柿种植者及相关农技推广人员的实用手册，也可为专业技术人员初步鉴定甜柿病虫害提供参考。作者在本书编撰过程中虽已倾尽全力，但由于知识水平有限，仍感力有未逮，书中错漏之处在所难免，敬请广大读者不吝赐教。

本书的出版得到广西壮族自治区农业科学院基本科研业务专项（桂农科2023YM83）等项目及广西壮族自治区农业科学院植物保护研究所、广西植物组培苗有限公司、恭城柿试验站等单位的支持，在此表示感谢。

编　者
2024 年 11 月

目　录

第一章　概述

一、柿栽培历史

柿起源于我国。柿栽培历史悠久，据《诗经·大雅》记载，我国劳动人民在3000多年前就已经开始种植柿树。

唐宋时期，柿已被规模栽培，大江南北均有种植。清朝《祁阳县志》中记载："柿有数种，有如牛心者，有如鸡鸭卵者，有名鹿心者。"柿的外形丰厚圆润，红似灯笼，古人常视其为吉祥、喜庆、美满的象征。明代徐光启《农政全书》的《柿考》中较详细地记述了柿的栽培管理方法。改革开放以来，随着人们生活水平的提高，柿的栽培迈向一个新的阶段。（表1-1）目前，我国柿的栽培面积和产量均居世界首位。2019年，我国柿产量为329万吨，主要产区为广西、河南、河北、陕西，四地产量占全国柿总产量的65.3%。其中，广西是全国最大的柿产区，产量占全国柿总产量的33.6%。

经过数千年的自然进化和人工选育，目前我国培育的柿品种已达200多种，柿栽培成为很多地区农民增收、农业增效、农村发展的支柱产业之一。

表1-1　柿在我国的发展历程

公元前450年左右	《礼记·内则》将柿列为当时的珍贵食物之一
公元前120年～公元前118年	《上林赋》记载皇家园林栽植柿树
590～1234年	唐宋时期柿已被规模栽培
1235～1963年	柿作为"木本粮食"获得新的发展
1949～1978年	柿基本处于放任栽培阶段
1978年至今	柿产业发展逐渐进入商品生产时期

注：资料来源于《新中国果树科学研究70年——柿》。

二、甜柿栽培历史

柿在品种分类上有涩柿、甜柿两大类。涩柿不能自然脱涩，需要进行人工脱涩后才可食用。甜柿能自然脱涩，可直接食用。

甜柿主要分布在中国、日本、韩国。中国的甜柿原产于湖北、河南、安徽三省交界的大别山区，主要代表品种是罗田甜柿。据《罗田县志》记载，罗田县栽培甜柿已有 900 余年，比日本最古老的甜柿品种"禅寺丸"的栽培历史还长 180余年。但是，目前世界上的甜柿栽培品种大多源自日本。

近年来，我国先后从日本引进了多个甜柿品种，并在国内进行了大面积推广，受到了种植者的欢迎。随着生活水平的进一步提高，人们对甜柿的消费量逐年增加，今后甜柿产业也将有更大的发展。

三、我国柿栽培面积及分布情况

我国是世界上产柿最多的国家，柿栽培面积从 2012 年的 840263 公顷增长到2021 年的 966017 公顷（表 1-2）。2019 年，全国柿产量达 329.2 万吨。其中，广西柿产量高达 110.6 万吨，排名全国第一（图 1-1）。但是，我国的柿栽培品种目前绝大多数为涩柿，甜柿栽培面积尚不到柿栽培总面积的 2%。

表 1-2　2012～2021 年我国柿种植面积　　　　　　　　单位：公顷

年份	2012	2013	2014	2015	2016
面积	840263	834078	857956	844346	843636
年份	2017	2018	2019	2020	2021
面积	856667	905488	925107	940521	966017

注：数据来源于联合国粮食及农业组织，未统计台湾地区数据。

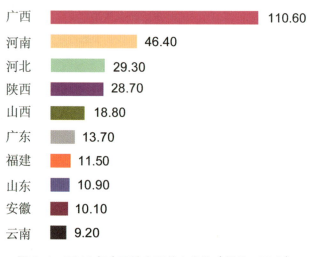

图 1-1　2019 年全国柿产量前十省份（单位：万吨）

注：数据来源于国家统计局。

四、甜柿营养价值及市场前景

甜柿是一种富含水溶性膳食纤维的水果，成熟时自然脱涩，甘甜多汁。柿营养丰富，维生素C含量极高，远高于苹果、梨、桃、李等水果（表1-3、图1-2）。随着人们生活水平的提高及对甜柿营养价值的认可，甜柿需求量在逐年增加。由于甜柿在我国的栽培面积不大，故目前其市场价格高于苹果、柑橘等传统水果。总体上，我国甜柿产量还远远不能满足市场需求，市场前景广阔。

表1-3 每100克柿果肉的营养成分

营养物质及能量	能量	蛋白质	脂肪	碳水化合物	胡萝卜素	维生素C	钙	磷	镁
含量	74千卡	0.4克	0.1克	18.5克	120微克	30毫克	9毫克	23微克	19毫克

注：数据来源于《中国食物成分表（标准版）》第6版。

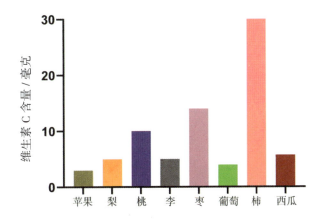

图1-2 每100克常见水果果肉维生素C含量

注：数据来源于《中国食物成分表（标准版）》第6版。

第二章　甜柿主要栽培品种

一、太秋甜柿

太秋（Taishuu）甜柿（图2-1）又名大秋甜柿。该品种为完全甜柿，具有肉质酥脆、汁多味浓、口感甜爽的特点，适合硬果鲜食。太秋甜柿一般在9月成熟，摘下即可食用。果实扁球形，平均单果重180克，无纵沟，完全成熟时果皮橙红色、果肉黄红色，种子少或无。果实品质极优，商品价值高。

在管理到位的情况下，太秋甜柿嫁接苗定植后一般第三年可挂果；第四年开始正常开花结果，平均株产20千克以上；第五年平均株产30千克以上，产量高。太秋甜柿与君迁子嫁接亲和力弱。该品种较耐旱，适应性强；果实甜，易受鸟、鼠为害；枝条脆，易折断，抗风性稍差；耐瘠薄，对土壤要求不严，在丘陵山地长势良好。

图2-1　太秋甜柿

二、富有甜柿

富有（Fuyu）甜柿（图2-2）为完全甜柿。果实扁球形，完全成熟时果皮橙红色，无纵沟，通常无缢痕，个别果实有缢痕，横断面椭圆形，平均单果重180克，最大单果重250克，种子2～3枚。肉质松软，软化后黏质，汁中等，味浓甜，糖度可达21%，品质上等。一般9月中下旬成熟，硬果期18～20天，耐贮运。富有甜柿与绝大多数君迁子嫁接不亲和，宜用本砧。

图2-2 富有甜柿

三、次郎甜柿

次郎（Jiro）甜柿（图 2-3）为完全甜柿。果实扁方形，中等大。果皮细腻，成熟时橙黄色，软化后朱红色或大红色，果粉中等多，果肉橙红色，平均单果重 144.5 克，最大单果重 192.6 克，大小整齐。宜硬食，肉质脆而稍密，汁多，味甜，品质上等。8 月下旬至 9 月中旬成熟，果实软化速度较慢，自然放置 33 ～ 42 天后变软，较耐贮运。树姿张开；树冠自然圆头形；树干表面粗糙，裂片宽大，裂纹中等深。次郎甜柿与君迁子嫁接亲和力强，单性结实能力强，无须配植授粉树。

图 2-3　次郎甜柿

四、阳丰甜柿

　　阳丰（Youhou）甜柿（图 2-4）为完全甜柿。果实扁球形，果皮细腻，成熟时橙红色，软化后红色，果顶更红，无纵沟，果粉中等多，果肉无褐斑，平均单果重 190 克，最大单果重 250 克，大小整齐。肉质中等密，稍硬，松脆，汁少，味甜，品质中上等。硬果期 20 ～ 35 天，较耐贮。阳丰甜柿与大多数君迁子嫁接亲和，枝条粗壮，一般嫁接后第三年开始结果，6 年后进入盛果期，单性结实能力强，无须配植授粉树。

图 2-4　阳丰甜柿

第三章　甜柿生长特性

一、根系生长特性

甜柿根系由主根、侧根及须根三部分组成。不同品种、树龄的甜柿根系的生长活动有一定差异，且生长活动与温度、水分、土壤透气性等外界环境关系密切。当土壤温度在 12 ～ 26 ℃时，根系可进入旺盛生长期；若土壤温度低于 0 ℃或超过 30 ℃，则根系停止生长。栽培时，要求裸根苗侧根不少于 3 条且有一定的须根（图 3-1），杯苗应有须根且根系能团住土球（图 3-2）。

图 3-1　裸根苗侧根不少于 3 条且有一定的须根

图 3-2　杯苗有须根且根系能团住土球

二、枝芽生长特性

甜柿是落叶果树,枝芽(图 3-3)是枝叶形成的基础,不仅可以保护尾梢越冬,而且是适应不良环境的器官。甜柿以抽生春梢为主,幼龄树和生长旺盛的树也可抽生夏梢。

图 3-3　甜柿枝干和枝芽

三、结果特性

甜柿嫁接苗一般在定植后 2 ～ 3 年开始结果（图 3-4、图 3-5）。柿树结果年限与品种特性、外界环境及管理方式有关，在环境适宜和管理得当的条件下，柿树的经济寿命为 30 年以上。

图 3-4　太秋甜柿幼果

图 3-5　太秋甜柿果实

四、生长气候要求

温度：甜柿喜温暖气候，宜选择年平均气温在 13 ℃以上的地区栽培，其仅可短期耐受 –18 ～ –15 ℃的低温，要选择年绝对低温高于 –18 ℃的地区栽培，防止发生冻害。

光照：甜柿喜光照，在光照充足的地区生长发育良好，果实品质优良，4 ～ 10 月累积日照时数需在 1400 小时以上。甜柿不适合在多雨、少光照的地区栽培。

可在山区修建果园栽培甜柿（图 3-6）。

图 3-6　山区甜柿果园

五、土壤要求

甜柿对土壤的要求不太严格，除过于干燥、瘠薄、黏重的土壤外，在多种土壤上均能生长，但最适宜的土壤为土层深厚、保水性强的中性壤土和砂壤土（图 3-7）。土层厚度在 1 米以上，地下水位在 1 米以下，土壤 pH 值在 5 ～ 6.8 范围内（图 3-8）均适宜甜柿生长，以中性土为最佳，含盐量超过 0.2% 的碱性土不能栽培甜柿树。

图 3-7　果园土壤

图 3-8　土壤检测

第四章 甜柿优良苗木繁育技术

一、砧木选择

由于甜柿大多数是单性结实，为了保持品种特性，多采用嫁接的方法繁殖。不同地区由于气候条件等不一致，选用的砧木也不尽相同（图4-1）。不同甜柿品种与砧木的亲和力不同，次郎甜柿、阳丰甜柿可用君迁子作为砧木，太秋甜柿、富有甜柿、秋王甜柿、太丰甜柿可根据栽培地区选择亲缘关系较近、亲和力强、适合当地种植的野柿、小果甜柿等作为砧木或用本砧。砧木除需亲和力强、适应性强外，还需具备抗寒性强、根系发达、抗病虫害能力强等特点。

图4-1　用于甜柿嫁接的砧木

二、优良砧木繁育技术

苗圃地必须选在交通便利、可排可灌、土壤疏松透气的地方，应选平坦的台田或缓坡地。播种前先进行种子处理，即将砧木种子（图4-2）用清水浸泡

24～48 小时，待种子充分吸水后捞出，沥干，倒入硫酸铜 500 倍稀释液或高锰酸钾 1000 倍稀释液中，浸泡杀菌 30 分钟后沥去药液，用清水漂洗 2～3 次，捞出即可播种。覆盖地膜 30 天左右可出苗（图 4-3），若不覆盖地膜约需 60 天出苗，甚至更长时间（图 4-4）。

图 4-2　砧木（小果甜柿）种子

图 4-3　发芽出土的砧木苗

可通过组培方式培养砧木苗（图4–5、图4–6）。砧木种子苗根系与组培苗根系对比见图4–7。

图4-4　达到嫁接标准的砧木种子苗杯苗

图4-5　砧木（小果甜柿）组培苗

图 4-6　达到嫁接标准的砧木（小果甜柿）组培苗杯苗

图 4-7　砧木（小果甜柿）种子苗根系（左）和组培苗根系（右）

三、甜柿嫁接技术

嫁接要在晴天进行，上午 9 时至下午 4 时嫁接成活率最高。不要在阴雨天或早晨露水未干时嫁接。注意接穗应接在阳面。嫁接过程中动作要迅速，若动作缓慢，切面容易氧化形成一层隔离膜，阻碍砧木与接穗间愈伤组织的形成。因此，芽接刀要锋利，尽量加快切砧、削接穗的速度。甜柿嫁接以补片芽接法和切接法应用较多，劈接法应用相对较少。

1. 补片芽接法

愈合良好，嫁接成活率可达 90% 以上。一般于砧木秋季落叶前进行嫁接，春季萌芽前于嫁接口上方约 3 厘米处将砧木上端剪掉以促进接穗萌芽（图 4-8、图 4-9）。

图 4-8　甜柿补片芽接法嫁接

图 4-9　甜柿补片芽接法嫁接后萌芽

2. 切接法

愈合快，萌芽快，嫁接成活率可达 80% 以上。适宜在砧木冬季落叶后春季萌芽前进行，以广西南宁为例，嫁接后快则 15 ～ 20 天即可愈合萌芽（图 4-10、图 4-11）。

图 4-10　甜柿切接法嫁接

图 4-11　甜柿切接法嫁接后萌芽

3. 劈接法

在砧木距地 4 ～ 10 厘米处的光滑挺直处剪去梢部，用刀从中间纵劈 2 ～ 3 厘米深的劈口；接穗自芽下两侧各削一平面，使接穗下部呈楔形；将接穗插入砧木的劈口中，对齐形成层，用嫁接膜将嫁接口扎紧包严（图 4-12）。

图 4-12　甜柿劈接法嫁接

萌芽后 30～45 天，嫁接膜开始影响嫁接口生长时应及时拆膜，可用嫁接刀由上往下轻划一刀，去掉嫁接膜。嫁接好的甜柿优良种苗，萌芽后经过 6～7 个月精心管护，到冬季落叶后起苗抽检，茎秆粗度、根系状态等达到移栽标准的（图 4-13、图 4-14）可进行大田种植，移栽标准为嫁接苗嫁接口愈合好，无瘤状不亲和表现，嫁接口往上 10 厘米处的茎秆直径不小于 0.6 厘米，杯苗脱杯后有须根缠绕，根系能团住土球不松散；裸根苗有侧根且不少于 3 条，并有一定须根。

图 4-13　健壮的甜柿嫁接杯苗

图 4-14　待出圃的甜柿杯苗

第五章 甜柿园建设

一、园址选择

建园选址在甜柿栽培过程中非常关键，建园成功与否直接关系到果园经济效益的高低。柿树是落叶果树，具有明显的地带区域性，选择园址前要充分调研当地的气候条件和土壤条件，尽可能根据环境条件选用适宜的品种。柿树为深根性果树，喜光，怕冻，结果早，寿命长，适应性较强。新建甜柿果园宜选择在土层深厚、背风向阳、光照充足的浅山（图5-1）、缓坡（图5-2）或丘陵（图5-3），也可平地栽植（图5-4），避免种植在谷地和洼地。同时还应考虑水源、交通、市场、生产环境等各方面的因素，以达到提高经济效益的目的。

图 5-1　山地上的甜柿园

图 5-2　缓坡上的甜柿园

图 5-3　丘陵上正在建设的甜柿园

图 5-4 平地上的甜柿园

二、园地规划

园址选定后，应做好园地的整体规划和基本建设，因地制宜地规划果园面积、形状，合理安排果园道路、沟渠、防护林和蓄水池等。

1. 道路

建立果园时，要考虑修建完善的果园道路，道路的规格应根据果园规模、运输量、运输工具等条件而定。在隔一定距离的树行中留出一条小路（图 5-5），以便于喷药、运果、运肥等。大型果园的道路分为主干路（图 5-6）、支路、小路三级。主干路是果园与园外道路相连的主要运输大道。支路是连接各区域与主干路的通路。如果园区面积较大，可在区内设小路及运输轨道（图 5-7）。

图 5-5　果园树间道路

图 5-6　果园的主干路

图 5-7　果园运输轨道

2．防风林

风害较大的果园附近可设置防风林（图 5-8），以降低风速，减少风害，提高坐果率，减少土壤水分蒸发量，从而改善果园生态环境，减少果园因恶劣天气侵袭而遭受的损失。防风林宜选用对当地环境适应性强、树冠高大、枝繁叶茂、根系分布深且具有一定经济效益的树种。

图 5-8　果园附近的防风林

3. 灌溉系统

根据果园地形和水源合理设置排灌系统。排灌系统可与道路、防风林相结合，以节约用地和方便运输。山地果园可修建蓄水池（图 5-9）和水肥一体化设施。

图 5-9　山地果园蓄水池

第六章 甜柿栽培与管理

一、定植技术

　　甜柿栽培时植株间应保持一定的株行距（图6-1、图6-2），株行距根据品种和地形条件而定。平地栽培行距5～7米，株距4～6米；山地栽培行距4～7米，株距3～6米；计划密植的行距3～5米，株距2～3米。挖好定植穴（图6-3）后施放底肥（图6-4）。定植苗木后（图6-5），要求每株浇一桶水，以后浇水量根据气候、土壤情况而定，应保持窝中土壤湿润，以利于提高苗木成活率。

图6-1　植株间保持一定株距

图 6-2　植株间保持一定行距

图 6-3　挖定植穴

图6-4　定植穴施放底肥

图6-5　定植苗木

二、土壤管理

　　土壤条件优劣决定着甜柿生长发育的好坏。甜柿适宜选择土壤肥沃、深厚疏松、排水良好的壤土或砂壤土，黏重土壤需要经过改良，土壤酸碱度以中性偏酸性为佳。山地果园要修好田埂，冬季深翻，加厚活土层，使土壤有较强的保水保肥能力。有条件的果园可进行覆盖，以减少土壤水分蒸发，利于保水。

定植后 1～2 年在定植穴以外挖 1 条宽 0.6～0.8 米的壕沟，分层埋土杂肥 20～30 千克/株、杂草或绿肥 25～50 千克/株、石灰 1～2 千克/株、饼肥 2～3 千克/株（图 6-6）。2 年内完成扩穴改土，以改善土壤理化性状，为根系生长创造疏松透气的土壤条件。

图 6-6　埋肥

　　田间可采用种草（图 6-7）或覆盖管理模式。可选种豆科或禾本科矮秆绿肥品种，定期修剪；也可覆盖防草布（图 6-8），控制杂草生长。

图 6-7　田间种草管理

图 6-8　覆盖防草布

三、施肥管理

甜柿栽培要求肥料浓度低，否则容易受害，施肥应少量多次。基肥一般以有机肥为主，追肥则以化肥为主。第一年，当新梢长到具 5 ～ 8 片叶时，可按照先淡后浓、薄肥勤施的原则，浇施沤熟饼肥、粪水肥稀释液或 0.5% 尿素液等，同时根外喷施 0.2% ～ 0.3% 磷酸二氢钾、尿素液或其他氨基酸类叶面肥（图 6-9）。叶面肥每 15 天喷施 1 次，一直喷施到 8 月上旬。

图 6-9　喷施叶面肥

冬季在根系一侧或两侧，距树干 30 厘米处挖 20 ～ 40 厘米深的施肥穴（图 6-10）。先把地面植物残体收集入穴中，再每穴施 0.5 ～ 1 千克饼肥（或其他相当量有机质），然后施 0.5 千克三元复合肥（图 6-11），最后回填覆土（图 6-12）。

图 6-10　挖施肥穴

图 6-11　施肥

图 6-12　回填施肥穴

　　第二年 6 月，每株柿树施三元复合肥 0.5 千克，沟施或穴施。落叶后至翌年春节前施秋冬肥（图 6-13），以施有机肥为主，施肥方法同第一年，施肥穴距树干 50 厘米，施肥量为每株 2.5 千克饼肥（或其他相当量有机质）和 0.5 千克复合肥。

图 6-13　施秋冬肥

第三年及以后，随着树冠逐年扩大，产量逐年上升，施肥量需逐年增加。盛果期肥量为 6 月每株柿树 1 千克施壮果复合肥，沟施或穴施；采果后每株柿树施 1 千克复合肥，沟施或穴施；落叶前后施基肥，施肥量为每株柿树 5 千克饼肥和 1 千克复合肥。施肥穴随树冠扩大外移，在树冠垂直投影下轮番挖穴外扩。

也可使用水肥一体化设施储存池（图 6-14）、滴带（图 6-15）等。

图 6-14　储存池

图 6-15　滴带

四、灌溉管理

　　甜柿喜湿润，土壤湿度保持在田间持水量的 60% ～ 80% 有利于甜柿的生长及吸收转化等活动。若土壤水分不足，则易导致果实萎缩，枝叶萎蔫，落花落果。因此，甜柿的适时灌水很重要。灌水适量的标准是浇透水，以浸湿土层 1 米左右为宜，山地浸湿土层以 0.8 ～ 1 米为宜，微喷比较适用于苗期。在条件允许的情况下，建议使用果园滴灌系统（图 6-16、图 6-17），每种植行拉 2 条滴带、1条喷带，可使水肥较好保持，喷带在夏季高温时有利于降温。一般冬季必须灌水；施肥前后、果实膨大期、伏旱季节降水量不足时需要及时灌水。

图 6-16　果园滴灌系统

图 6-17　果园滴灌系统为甜柿滴灌

五、整形修剪

苗木定植后，距地面 25 ～ 40 厘米定干，定干后注意培养树体主干，让其继续生长。在主干离地面 20 ～ 25 厘米处选留第一主枝，其上每间隔 10 厘米左右配置分布均匀的第二、第三主枝，主枝与分枝角度 45°～ 50°。在每个主枝上间隔 40 ～ 50 厘米选留 2 ～ 3 个副主枝，每个副主枝上间隔 30 ～ 40 厘米选留 2 ～ 3 个侧枝，以此类推进行树形培养。若枝条过密或直立生长可采取拉枝的办法矫正（图 6-18）。

图 6-18　斜拉枝条

1. 整形

可采用拉、绑、吊、撑、背等手段，使甜柿生长达到造型要求。整形时间应在枝梢半木质化期间，过迟则难以定形。宜采用自然开心树形（图 6-19）、宝塔形树形、小冠疏层形树形（图 6-20）等，后期可根据树体大小进行调整。

图 6-19　自然开心树形

图 6-21　修剪枝芽

图 6-22　抹芽

图6-23　摘心

六、花果管理

1. 疏花疏果

甜柿抽梢时分化的雄花和雌花见图6-24。开花前10天左右根据情况疏花（图6-25），每结果枝旺枝留花蕾2~3个，弱枝留花蕾1~2个。小树留果非常伤树。第二次生理落果结束后，根据情况疏果（图6-26），每结果枝留果1~2个，注意疏除小果、畸形果、并生果、病虫果。

图6-24　抽梢时分化的雄花和雌花

图 6-25 需要疏花的枝条

图 6-26 需要疏果的柿树

2. 保花保果

甜柿一般坐果率较高,但生理落果较严重,强枝抽芽等会引起落果(图6-27),必须加强保花保果措施。在盛花期喷施0.2%硼、0.3% ~ 0.4%尿素、0.2% ~ 0.3%磷酸二氢钾溶液的混合溶液或每升含30 ~ 50毫克赤霉酸的溶液进行保花保果,以提高坐果率。

图6-27　强枝抽芽引起的落果

3. 果实套袋

定果后,全园喷一次杀虫剂和杀菌剂,药剂干后给果实套白色果袋(图6-28)或专用套袋(图6-29)。

图 6-28　果实套袋

图 6-29　太秋甜柿专用套袋

第七章　甜柿常见病虫害防治

一、炭疽病

1. 症状

炭疽病可为害果实（图7–1）、枝条和叶片（图7–2）。枝条多在5月中旬至6月上旬开始发病，果实在6月下旬至7月中旬开始发病。高温多雨年份炭疽病发生尤为严重。发病最初在果实表面产生黑色圆形小斑点，后病斑变成暗褐色，扩大成长椭圆形或菱形短条斑，中部稍凹陷并出现褐色纵裂，其上产生黑色小粒点。

图7–1　感染炭疽病的果实

图 7-2　感染炭疽病的枝条和叶片

2. 防治措施

冬季剪除病枝，扫除果园中的落果、病枝及病叶并集中烧毁，以减少越冬菌源。发芽前喷施 0.3% ～ 0.5% 波美度石硫合剂或 45% 晶体石硫合剂 30 倍稀释液。6 月上中旬至 8 月上中旬喷施 25% 丙环唑乳油 3000 ～ 4000 倍稀释液、25% 吡唑醚菌酯悬浮剂、70% 代森锰锌可湿性粉剂 800 ～ 1000 倍稀释液、80% 炭疽福美可湿性粉剂 800 ～ 1000 倍稀释液、10% 苯醚甲环唑水分散粒剂 1000 ～ 1500 倍稀释液等。

二、麻点叶斑病

1. 症状

麻点叶斑病俗称麻叶病，主要为害叶片，发病初期大多在叶片边缘形成黑色小斑点（图7-3），随后病斑逐渐增多，密密麻麻，扩散至整个叶片（图7-4），后期许多斑点会连成片（图7-5）。高温高湿条件下麻点叶斑病发病非常迅速，严重时可影响光合作用，进而影响果实发育。

图7-3　麻点叶斑病发病初期叶片

图7-4　麻点叶斑病发病中期叶片

图 7-5　麻点叶斑病发病后期叶片

2. 防治措施

冬季剪除病枝，扫除果园中的落果、病枝及病叶并集中烧毁，以减少越冬菌源。喷施 70% 丙森锌可湿性粉剂 500 ～ 700 倍稀释液或 40% 硫磺·多菌灵悬浮剂 500 倍稀释液。每隔 7 ～ 10 天喷药 1 次，连用 3 次。

三、白粉病

1. 症状

白粉病夏季为害幼叶，在叶片表面形成近圆形的黑斑，黑斑直径为 1 ～ 3 毫米，背面呈淡紫色。秋季在老叶背面出现病斑，开始为直径 1 ～ 2 毫米的圆斑，之后病斑迅速蔓延并融合成大片，有时甚至整个叶片背面都覆有白粉，这就是病菌的菌丝层、分生孢子梗及分生孢子。发病后期在白粉层中出现许多黄色小颗粒，小颗粒逐渐变为褐色至黑色（图 7-6），为病菌的闭囊壳。

图 7-6　感染白粉病的叶片

2. 防治措施

冬季清扫果园中的落叶并烧毁，以减少越冬菌源。避免偏施氮肥。在春季展叶和春梢生长期，发病之前，喷施 0.2% ～ 0.3% 波美度石硫合剂，发病后可喷施 40% 硫磺·多菌灵悬浮剂 600 倍稀释液、30% 醚菌酯·啶酰菌胺悬浮剂、50% 硫磺·三唑酮悬浮剂 1000 ～ 1500 倍稀释液、70% 甲基硫菌灵可湿性粉剂 1500 倍稀释液。

四、角斑病

1. 症状

感染角斑病初期，叶片腹面出现不规则黄绿色病斑，病斑边缘不明显，以后病斑颜色逐渐加深成浅黑色，中央淡褐色，形成外深中淡的形态，受细叶脉限制，病斑形成不规则多角形，上面密生黑色小粒点（图 7-7）。发病严重时许多相邻病斑相互融合，布满大半个叶片，引起叶片枯萎脱落。角斑病为害柿蒂时，病斑多在柿蒂四周发生，萼片先端较多，呈深褐色。角斑病发生迅速，在主脉基部病斑最多。

图 7-7　感染角斑病的叶片

2. 防治措施

冬季剪除病枝，扫除果园中的落果、病枝及病叶并集中烧毁，以减少越冬菌源。应改良土壤，增施磷钾肥，适时灌水，防止积水。落花后（6 月上中旬），在分生孢子大量产生并飞散之前开始喷药。药剂可选用 1 ∶ 5 ∶ 600 波尔多液、70% 代森锰锌可湿性粉剂 800 倍稀释液、25% 多菌灵可湿性粉剂 600 倍稀释液、40% 多硫磺·多菌灵悬浮剂 600 倍稀释液等。甜柿周围不种高秆作物，以降低果园湿度，减少发病。

五、圆斑病

1. 症状

圆斑病发病最初在叶片上产生黄褐色的小斑点，小斑点边缘颜色较浅，后逐渐扩大成圆形褐色病斑（图7-8、图7-9）。病斑直径3～7毫米，随着叶片颜色的变化，病斑周围出现绿色或黄色晕圈，病斑多时会聚合相连。发病严重的叶片会迅速变红脱落，树势较健壮的病叶不变红就脱落。圆斑病为害叶脉时，可使叶片畸形。柿蒂上发病较迟，病斑也较少。病株果实小、味淡、容易提早变软脱落。降水是该病发生的主要诱因。

图7-8　感染圆斑病的叶片背面

图 7-9　感染圆斑病的叶片腹面

2. 防治措施

做好清园工作，结合冬季修剪，扫除果园中的落果、病枝及病叶并集中烧毁，以减少越冬菌源。应改良土壤，增施磷钾肥，适时灌水，防止积水，促进树势健壮，增强抗病能力。落花后（6 月上中旬），在分生孢子大量产生并飞散之前开始喷药，隔 10～15 天再喷施 1 次，药剂可选用 1：5：600 波尔多液、70% 代森锰锌可湿性粉剂 800 倍稀释液、50% 菌核净 1000～1500 倍稀释液、25% 多菌灵可湿性粉剂 600 倍稀释液等。

六、黑星病

1. 症状

黑星病为害叶片和果实。叶片上的病斑近圆形、黑色（图7-10）。黑星病主要在叶片幼嫩时侵入，起初在叶脉上产生针尖大的斑点，后斑点可扩大为直径2～5毫米的圆形、近圆形或不规则斑点。之后病斑继续增大，病斑与健康部位之间有黑色界线。大病斑的中部褐色，边缘黑褐色。

图7-10　感染黑星病的叶片

2. 防治措施

做好清园工作，结合冬季修剪，扫除果园中的落果、病枝及病叶并集中烧毁，以减少越冬菌源。萌芽前喷施0.3%～0.5%波美度石硫合剂；萌芽后喷施70%甲基硫菌灵可湿性粉剂800倍稀释液；树落花后，可喷施50%多菌灵可湿性粉剂800倍稀释液和70%代森锰锌可湿性粉剂600倍稀释液，也可喷施50%嘧菌酯水分散粒剂2000倍稀释液等。

七、灰霉病

1. 症状

灰霉病主要为害叶片（图7-11），最初幼嫩叶片的叶尖及边缘失水后呈淡绿色，随后失水范围逐渐向叶内扩展，形成半圆形或不规则灰褐色病斑，多次失水后发病部位的病斑呈轮纹状，发病后期叶片急速褐化焦枯。潮湿天气下，病斑上产生灰色霉状物。

图7-11　感染灰霉病的叶片

2. 防治措施

做好清园工作，彻底清除带病枝叶并集中烧毁或深埋，以减少越冬菌源。增施有机肥，加强栽培管理，增强树势，提高甜柿抗病能力。在发病初期进行喷药防治。药剂可选用50%异菌脲可湿性粉剂750～1000倍稀释液、50%腐霉利可湿性粉剂800～1000倍稀释液、40%双胍辛胺可湿性粉剂800～1000倍稀释液、40%嘧霉胺悬浮剂1000～1500倍稀释液等。喷雾防治，每隔10天喷施1次，连用2～3次。

八、煤污病

1. 症状

感染煤污病的叶片和枝条上布满一层黑色煤粉状物（图7-12），煤粉状物有时可以被剥落或被雨水冲刷掉，严重时厚厚一层遮盖住叶片，影响光合作用，使树势生长衰弱，进而影响果实商品价值。甜柿上的龟蜡蚧、红蜡蚧、梨网蝽等多种害虫的排泄物可诱发煤污病病菌大量繁殖，引起煤污病的发生。此外，高温、高湿环境易导致煤污病的发生。

图 7-12　感染煤污病的叶片

2. 防治措施

可以通过防虫来防煤污病。应加强对蚧壳虫等害虫的防治，在若虫盛孵期喷施杀虫剂以杀灭害虫。从发病初期或雨季来临前开始喷药，隔10天左右喷施1次，连用2次以上。药剂可选用1.5%多抗霉素可湿性粉剂300倍稀释液、50%克菌丹可湿性粉剂400～800倍稀释液、10%苯醚甲环唑水分散粒剂800～1200倍稀释液等。

九、毛霉软腐病

1. 症状

毛霉软腐病主要为害果实，可造成果实腐烂。发病初期病果表面产生灰白色至灰黄色长毛状菌丝（图7-13），随后果实表面可产生黄色及渐变褐色的小球状物，后期整个果实腐烂。

图7-13　感染毛霉软腐病的果实

2. 防治措施

避免果实受伤是防治毛霉软腐病害的重点。应适时采收以免果实过度成熟。在采收、运输过程中，避免造成果实损伤；最好在低温条件下进行运输、贮藏果实。

十、果实蝇

1. 形态特征

果实蝇属的成虫体型较小，飞翔灵活，体色多样，有的黑黄相间，类似蜜蜂（图7-14），故称"针蜂"；又称蛀果虫、黄苍蝇、瓜蛆等。繁殖能力非常强，雌虫腹部有针尖状产卵管，成虫将卵产于果内，孵出的幼虫蛀食果肉。

2. 为害特点

果实蝇成虫刺入果实内产卵（图7-15），孵出的幼虫蛀食果肉，造成果实局部变褐色（图7-16），而后全果腐烂变臭，导致大量落果。即使果实不腐烂，刺伤处也会畸形下陷，严重影响果实的产量和品质。

图 7-14　果实上的果实蝇　　　图 7-15　果实蝇为害果实

图 7-16　果实蝇为害的症状

3. 防治措施

及时把受害果园的落果清除掉，进行集中处理，可利用深埋、水浸、焚烧等方式杀死果内幼虫。应用专用性诱剂和诱捕器诱杀雄性成虫，从减少虫源。及时选喷1.8%阿维菌素乳油3000倍稀释液、4.5%高效氯氰菊酯1500倍稀释液、2.5%溴氰菊酯乳油2000倍稀释液、90%敌百虫原药1000倍稀释液，药液中加少许糖防治效果更佳。

十二、鹿蛾

1. 形态特征

鹿蛾成虫头小，触角丝状或双栉状；胸足胫节距短；腹部常具斑点或带；翅面常缺鳞片，形成透明窗（图7-19）。幼虫色泽鲜艳，具4对腹足、1对臀足，体表常具毛瘤，其上着生长毛簇，腹足趾钩半环形。蛹光滑、坚硬、有茧。

图 7-19 叶片上的鹿蛾

2. 为害特点

鹿蛾幼虫为害果实和嫩梢，使幼果干枯脱落或使果实提前变黄、早落。

3. 防治措施

药剂可选用90%敌百虫晶体1000倍稀释液、40%氧化乐果乳油1000倍稀释液、50%辛硫磷乳油1500倍稀释液、2.5%溴氰菊酯乳油500倍稀释液。喷雾毒杀5龄前幼虫。

十三、斜纹夜蛾

1. 形态特征

斜纹夜蛾老熟幼虫体长 38 ～ 51 毫米，夏秋季虫口密度大时体瘦，黑褐色或暗褐色；冬春季数量少时体肥，淡黄绿色或淡灰绿色（图 7-20）。蛹长 18 ～ 20 毫米，长卵形，红褐色至黑褐色。成虫前翅灰褐色，内横线和外横线灰白色，肾状纹前部白色，后部黑色，环状纹和肾状纹之间有 3 条白线组成明显的较宽的斜纹，自翅基部向外缘还有 1 条白纹。

图 7-20　叶片上的斜纹夜蛾幼虫

2. 为害特点

斜纹夜蛾幼虫蚕食叶片，也啃食果实，为害严重时整个果林的叶片都被吃光。

3. 防治措施

交替喷施 50% 氰戊菊酯乳油 4000 ～ 6000 倍稀释液、21% 氰戊·马拉松乳油 6000 ～ 8000 倍稀释液、20% 灭扫利乳油 3000 倍稀释液、25% 灭幼脲悬浮剂 1500 倍稀释液、25% 马拉硫磷 1000 倍稀释液、5% 氟苯脲乳油 2000 ～ 3000 倍稀释液。隔 7 ～ 10 天喷施 1 次，连用 2 ～ 3 次，需喷匀喷足。

十四、麻皮蝽

1. 形态特征

麻皮蝽成虫背面黑褐色，散布不规则黄色斑纹、点刻；触角黑色，第五节基部黄色（图7-21）。卵圆筒形，淡黄白色。初龄若虫胸部、腹部有许多红色、黄色、黑色相间的横纹，2龄若虫腹部和背部有6个红黄色斑点。

图7-21　叶片上的麻皮蝽

2. 为害特点

麻皮蝽若虫或成虫刺吸果实及嫩枝汁液，导致果面有黑点和凹陷，局部果肉组织木栓化，呈疙瘩果状。由于麻皮蝽迁移面广，寄主广泛，携带多种病菌，因此受害果实常受其他病害侵染，导致果实质量和品质严重下降。

3. 防治措施

药剂可选用2.5%溴氰菊酯乳油或功夫乳油8000倍稀释液、20%灭扫利乳油或S-氰戊菊酯乳油8500倍稀释液、20%杀灭菊酯乳油8500倍稀释液、50%对硫磷乳油1500～2000倍稀释液、50%三硫磷乳油1500～2000倍稀释液、50%马拉松乳油1500～2000倍稀释液、50%杀螟松乳油1500～2000倍稀释液、40%氧化乐果乳油1000倍稀释液，均有良好的防治效果。

十五、灰象甲

1. 形态特征

灰象甲成虫体密被淡褐色和灰白色鳞片；头管粗短，背面漆黑色，中央纵列1条凹沟，从喙端直伸头顶，其两侧各有1条浅沟；鞘翅中部横列1条灰白色斑纹，鞘翅基部灰白色（图7-22）。

图 7-22　叶片上的灰象甲

2. 为害特点

灰象甲以成虫为害叶片及幼果。老叶受害常造成缺刻；受害严重时嫩叶被吃得精光；嫩梢被啃食成凹沟，受害严重时嫩叶萎蔫枯死；幼果受害呈不整齐的凹陷或留下疤痕，重者造成落果。

3. 防治措施

3月底至4月初成虫出土时，在地面喷洒50%辛硫磷乳油200倍稀释液，使土表爬行成虫触杀死亡。成虫上树为害时，用2.5%溴氰菊酯乳油1500倍稀释液、90%万灵可湿性粉剂3000～4000倍稀释液喷杀。

十六、柿梢鹰夜蛾

1. 形态特征

柿梢鹰夜蛾老熟幼虫体长 23 ～ 30 毫米，体色变化很大，有绿色、黄色、黑色（图 7-23）3 种。幼虫 1 ～ 3 龄头部黑色，腹部从黄白色转为青黄色，再转为黄绿色和绿色。

图 7-23　正在啃食叶片的柿梢鹰夜蛾幼虫

2. 为害特点

柿梢鹰夜蛾初龄幼虫吐丝缠卷甜柿新梢、嫩叶成苞，将叶纵卷缀合取食为害，严重影响甜柿生长。

3. 防治措施

幼虫发生期可喷洒 2.5% 溴氰菊酯乳油 3000 倍稀释液、25% 灭幼脲悬浮剂 1500 倍稀释液、5% 氟苯脲乳油 1500 倍稀释液等。

十七、广翅蜡蝉

1. 形态特征

广翅蜡蝉若虫体长 3～6 毫米，略呈钝菱形，翅芽处最宽，疏被白色蜡粉；腹部末端有 10 条白色绵毛状蜡丝，呈扇状伸出（图 7-24）。

图 7-24　叶片和枝干上的广翅蜡蝉

2. 为害特点

广翅蜡蝉成虫、若虫群集嫩枝、芽、叶片背面刺吸汁液，影响枝条生长和叶片光合作用，严重者造成产卵部位以上枝枯、落叶、落果，削弱果树树势，严重影响果实产量和品质。

3. 防治措施

药剂可选用 10% 吡虫啉可湿性粉剂 3000～5000 倍稀释液、10% 氯菊酯乳油 2000～2500 倍稀释液、2% 氟丙菊酯乳油 1500～2000 倍稀释液等。在药液中加入含油量 0.3%～0.4% 的柴油乳剂或黏土柴油乳剂，可溶解虫体蜡粉，加强防治效果。

十八、小绿象甲

1. 形态特征

小绿象甲成虫体长 6 ～ 9 毫米，肩宽 2.5 ～ 3 毫米；体灰褐色，体表被浅绿色或黄绿色鳞粉；触角细长，有 9 节，柄节最长；鞘翅上各有由刻点组成的 10 条纵行沟纹（图 7-25）。

图 7-25　叶片上的小绿象甲

2. 为害特点

小绿象甲成虫咬食新梢、嫩叶，造成叶片残缺不全（图 7-26），还会咬断花穗及果柄，造成落花、落果。

图 7-26　正在啃食叶片的小绿象甲

3. 防治措施

药剂可选用 70% 噻虫嗪 1000 倍稀释液、50% 毒死蜱 1500 倍稀释液、50% 氯氰·毒死蜱 2000 倍稀释液、2.5% 联苯菊酯乳油 1000 倍稀释液等。

十九、木蠹蛾

1. 形态特征

木蠹蛾是鳞翅目木蠹蛾科和拟木蠹蛾科昆虫的统称，是果树的主要害虫。幼虫体长 20 ～ 35 毫米，一般虫体为红色（图 7-27）。成虫为中型至大型蛾类；头部小；喙退化或无；触角通常为双栉齿状，极少为丝状；有些种类雄虫触角基部为双栉齿状，端部为丝状。

图 7-27　枝干内的木蠹蛾幼虫

2. 为害特点

木蠹蛾幼虫主要蛀食嫩梢和细枝（图 7-28）。幼虫孵化后，先蛀入皮下取食韧皮部和形成层，再蛀入木质部。被害枝基部的木质部与韧皮部之间有一蛀食环孔，并有自下而上的虫道，蛀孔堆有虫粪；受害枝上部变黄枯萎，遇风易折断。

图 7-28　正在蛀食细枝的木蠹蛾幼虫

3. 防治措施

及时发现并清理被害枝干，减少虫源。可使用 48% 毒死蜱乳油、50% 辛硫磷乳油、25% 噻虫嗪等药剂注药防治。可把树干涂白，防止成虫在树干上产卵。成虫发生期可结合其他害虫的防治措施，喷施 50% 辛硫磷乳油 1500 倍稀释液来防治成虫。

二十、蝗虫

1. 形态特征

蝗虫是蝗科蝗属的昆虫动物，身体可分为头、胸、腹三部分，每个部分都有附属器官，全身通常为绿色、灰色、褐色或黑褐色，后腿肌肉发达，后足腿节粗壮，适于跳跃（图 7-29、图 7-30）。

图 7-29 树枝上的蝗虫　　　　　图 7-30 叶片上的蝗虫

2. 为害特点

蝗虫成虫咬食新梢、嫩叶，造成叶片残缺不全，甚至别导致整片叶子被吃光。

3. 防治措施

药剂可选用 10% 顺式氯氰菊酯 1500 倍稀释液、40% 联苯菊酯·噻虫啉 2000 倍稀释液、6% 阿维·高氯 750 倍稀释液等。

二十一、蜗牛

1. 形态特征

蜗牛身体柔软，具 1 个螺旋形外壳，躯体分头部和足部；头部具 2 对触角，后一对较长，后触角的顶端具 1 对眼，口腔内具颚及形似锉刀的齿舌，用来咀嚼及切碎食物。

2. 为害特点

蜗牛初孵幼体会取食甜柿的叶肉，使叶片仅留下一层表皮；长大后能够把叶片吃成孔洞或缺刻（图 7-31）。

图 7-31　正在啃食叶片的蜗牛

3. 防治措施

结合果树修剪进行人工捕捉。可在树盘下撒生石灰，蜗牛会因接触生石灰而死亡。每亩（1 亩 ≈ 667 平方米）用 6% 四聚乙醛颗粒剂 0.5 千克，拌细土 10 千克制成毒土，在 3 月下旬至 4 月上旬蜗牛出蛰活动、上树前撒施在果园地面上。

二十二、草甘膦药害

1. 为害特点

草甘膦可对果树造成直接和间接的药害，包括使叶片畸形、变黄、变褐、枯萎死亡，以及影响植株的正常生理功能（图 7-32）。

图 7-32　草甘膦对果树造成药害

2. 防治措施

立即停止使用草甘膦，改为人工除草或使用其他相对安全的除草剂。加强甜柿营养管理，通过叶面追肥和改善根系健康来减轻药害影响。

二十三、鸟害

1. 为害特点

鸟类啄食果实会导致果实损坏，无法食用或销售（图 7-33）。

图 7-33　被鸟类啄食的果实

2. 防治措施

一是通过给果实套袋，防止鸟类直接接触果实，减少果实被啄食的可能性。二是通过设备发出声音、光亮或电子信号，达到驱鸟的目的。三是药物驱鸟，即使用特定的药剂来驱赶鸟类，但这种方法需要确保其安全性和环保性。

二十四、防虫工具

甜柿果园防虫工具有多种类型，主要是通过物理、化学或生物方法减少害虫对甜柿的为害。常见的防虫工具有诱虫球（图7–34、图7–35）、诱虫瓶（图7–36）、诱虫黄板（图7–37）、诱虫蓝板、防虫网（图7–38）等，可根据果园实际情况选择使用。

图 7–34　黄色诱虫球

图 7–35　绿色诱虫球

图 7-36　装有诱芯的诱虫瓶

图 7-37　诱虫黄板

图 7-38　防虫网

参考文献

［1］杨勇，王仁梓. 陕西柿品种资源图说［M］. 北京：中国农业出版社，2018.

［2］罗正荣，张青林，徐莉清，等. 新中国果树科学研究70年：柿［J］. 果树学报，2019, 36（10）:1382–1388.

［3］晏海云，赵和清. 甜柿［M］. 北京：中国农业出版社，2006.

［4］罗桂环. 中国栽培植物源流考［M］. 广州：广东人民出版社，2017.

［5］杨月欣. 中国食物成分表：标准版（第一册）［M］. 6版. 北京：北京大学医学出版社，2018.

［6］王晓春，王仁梓. 甘肃柿树［M］. 兰州：甘肃科学技术出版社，2005.

［7］张凤仪，张晨，李献明. 实用柿树栽培图诀200例［M］. 江淑波，王利梅，绘. 北京：中国农业出版社，2004.

［8］朱春生. 优质甜柿栽培技术［M］. 呼和浩特：内蒙古人民出版社，2007.

［9］吕平会，何桂林，季志平. 柿无公害高产栽培与加工［M］. 北京：金盾出版社，2003.

［10］杨勇，阮小凤，王仁梓，等. 柿种质资源及育种研究进展［J］. 西北林学院学报，2005（2）:133–137.

［11］杨勇，王仁梓. 甜柿栽培新技术［M］. 咸阳：西北农林科技大学出版社，2012.

［12］扈惠灵. 柿丰产栽培新技术［M］. 北京：中国科学技术出版社，2017.

［13］李立平，熊云龙，段仕武. 甜柿优质高效栽培技术［M］. 昆明：云南人民出版社，2008.

［14］王江柱. 板栗 核桃 柿病虫害诊断与防治原色图鉴［M］. 北京：化学工业出版社，2013.

［15］王仁梓. 柿病虫害及防治原色图册［M］. 北京：金盾出版社，2006.

［16］宋尚伟. 柿优质高效栽培新技术［M］. 郑州：中原农民出版社，1996.

［17］蒋芝云，王政懂. 柿和枣病虫原色图谱［M］. 杭州：浙江科学技术出版社，2006.

［18］魏东晨. 廊坊园林绿化植物常见病虫害［M］. 石家庄：河北科学技术出版社，2021.

［19］邱强. 中国果树病虫原色图鉴［M］. 郑州：河南科学技术出版社，2019.

［20］王焱. 经济果林病虫害防治手册［M］. 上海：上海科学技术出版社，2021.

［21］周茂繁. 中国药用植物病虫图谱［M］. 武汉：湖北科学技术出版社，1998.